ミシェル＆レスリー・プレ著　うのたかのり訳

MICHEL PLÉE

ねこのミシェル

幸せに生きるためのニャン生指南

VIVRE VIEUX ET GROS

LES CLÉS DU SUCCÈS

DU BOOKS

Originally published in French under the following title:
Michel Plée - Vivre vieux et gros : les clés du succès by Leslie Plée

This book is published in Japan by arrangement with Éditions Delcourt, Groupe Delcourt,
through le Bureau des Copyrights Français, Tokyo.

Translated by Takanori Uno
Published in Japan by Diskunion Co., Ltd.

登場キャラクター紹介

Michel Plée
ミシェル・プレ

フランス生まれ。
飼いねこ諸君が
充実した毎日を送るための
メソッドを日々研究している。
ポッチャリ系。

Leslie Plée
レスリー・プレ

ミシェルの飼い主。
ひとり暮らしのアラサー女子。
ミシェルに振り回されながら
日々を送っている。

PREFACE

ボクの生い立ち

MON ENFANCE

ボク、ミシェルは
フランスの美しき港町・ナント生まれ

生まれて2ヶ月目のミシェル

生後しばらくは
性別が分からなかったらしい

ちょうちょとたわむれる
（まだかわいかった頃）

3ヶ月までは
女の子として育てられた
本当に
美人ね〜
頭もいいし、大好き
ゴロゴロ

でも、そのうち疑惑がわきあがる
ちがうん
じゃない??
ほんとに女？
……あやしいぞ
うるさいなぁ!

が、オスと判明したあとでも、
みなボクの頭脳には一目おいていた
お口にチャックだ
ジャン・クロード
ほら！男だ！
で、チャックってなに？

ある日、
対猫恐怖症の末妹のカカウェットに
相談をされ——
余計なこと
考えすぎ
なんだよ
ジャン・
クロードが
特にムリ
カカウェット

「食べること」が
嫌なことを忘れさせてくれる
というメソッドに気づく

ちなみにこれがボクの飼い主
とくに認めてるわけじゃないけどね

まぁでも、何をしても許してくれるし
悪くはないかな

今では6キロもあるボク
立派なもんだろ?

まだまだ
太るぞ!

CONTENTS

INTRODUCTION

太く長く生きる

VIVRE VIEUX ET GROS

ねこの生活にはキャットフードと
サーモンパテが欠かせない

本を書きはじめたミシェル

飼いねこは、好きなときに好きなものが
食べられず、不安やストレス、
絶望から頭がおかしくなることも

早々に昼やすみ

よく聞くのが
「この子、明るいけど頭がチョット……」
というヤツ

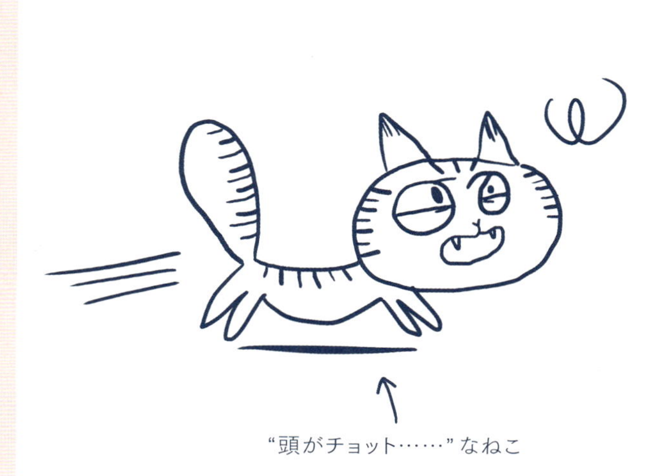

“頭がチョット……”なねこ

確かにボクら飼いねこは
低リスクで快適な暮らしをしている

家出した場合

メリット	デメリット
□狩りができる	□知らない人に会うのはこわい
□どこでもうんこし放題	□外は寒い
□飼い主を見ないですむ	□けんかに巻きこまれる

比較表

この本では、悩める飼いねこ諸君のために
ごはんをたらふく
食べられる方法などを紹介する

再び筆をとったミシェル

最新の研究によると、
おいしいものをたくさん食べることが
心と体（ツメ、毛なみ）の健康を
向上させるとか

ようやく調子が出てきた

いつも元気でいられるコツを知り、

本や資料をあたる

いつでも
おいしいものにありつくために――

10分でもうヘトヘトになったミシェル

本書を読んで、
ガマンするのは終わりにしよう

LESSON

1

食べるシアワセ

LE BONHEUR DE MANGER

何ごとも、
成功するには思い切りが必要

今日は
どうやって
おいしいものに
ありつこうか

いつでもお腹いっぱい食べたいなら、
手段を選ばないこと

飛びおりちゃうよ！
ウソじゃないからね！

段差5cm

食べるために脅迫を試みるミシェル

まずは誇りを捨てるべし

原則1 落ちてるものは何でも食べてみる

原則2
バレそうになったら、
一気に飲みこむ
あら、ショウガのカケラどこにいったかしら？

吐いちゃうこともあるけれど……
やだ、ミシェルったら何食べたの!?

原則3

ゴミ箱を漁ることもいとわぬべし
選り好みさえしなけりゃ
お腹はすぐにいっぱいに

ただし、ゴミ箱にはまらないよう
要注意

失敗例

自尊心を捨て去れば、
飼い主の同情は
簡単に買うことができる

大声で鳴きマネをするミシェル

ニャーーオ

大げさなくらいがちょうどいい
哀れみを誘う目つきで

息が続くよう肺をきたえておこう

悲しいこと——生き別れの産みの母、
不自由な身の上、着地に失敗して
恥ずかしかったこととか——を考えて

演技前に集中すること

飼い主の目をじっと見つめて
いかにも不幸せそうに

伝わらず——

そうすれば
キャットフードをたくさんもらえるはず

拾い食いしないように
多めにしといたわ
結果よければなんとやら

ところで、ボクたち飼いねこに
誇りと自信を与えてくれるのは
〝つまみ食い〟だ

これも
これも
たくさんの
獲物たち

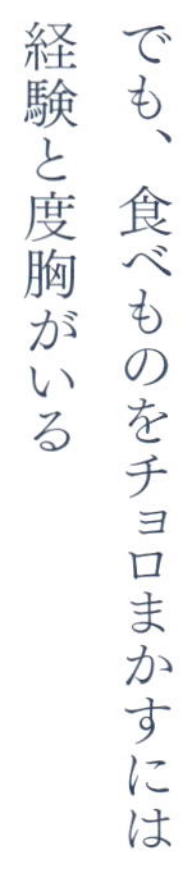
でも、食べものをチョロまかすには
経験と度胸がいる

つまみ食いの基本は、
食事中の飼い主のそばで
寝たフリをすること

存在を忘れさせるべく
じっと静かに

とことん寝たフリを極めるべし

まぁ、たいていの場合、
気づかれるけどね——

だから、
とにかくよぉ〜く、
飼い主を観察して

テーブルから降ろされるも
再び機会をうかがうミシェル

飼い主が何か取りに立ち上がったときや
片づけはじめたときがチャンス！

わずかなスキをとらえて食べまくれ！

飼い主が戻ってくると
最もキケンな瞬間が訪れる

オニのように罵倒されても、
絶対に食べるのをやめちゃダメ

食べ終えたらひたすら逃げる！
飼い主にひと泡ふかせた爽快感は格別

自信が持てて、とってもいい気分さ

充実感に満たされるミシェル

注意事項：①飼い主は熱いものを食べることが多いから鍋やフライパンをねらうときは少し時間をおくこと

②フライパンなどの長い持ち手のものは大きな音を出さないように、気をつけて

まあ、ひとり暮らしの飼い主であれば
つまみ食いくらい楽勝

警戒する飼い主

女性は特にオススメ
ダマすのも簡単
つかまったって、すぐ許してくれるし

LESSON

2

なめられないこと

ÊTRE LE BOURREAU CHEZ SOI

やさしい飼い主は、
高級なねこ缶をたくさん買ってくれるし、
一緒にたくさん遊んでくれる
ゴロゴロ

気持ちよくなでてくれたりね
毛なみと逆方向が
いいのね！
そう！
もっと強く！

でも油断して寝ちゃダメだよ
常にプレッシャーをかけ続けなきゃ
ほら、もっと

飼い主を甘やかしちゃいけない
もうダメ、目がチカチカする
やめないで
そうそう！

常に気をひく工夫をすべし
たまに素っ気ない態度も取り入れて
もう
飽きた

例えば、
楽しい遊びをワザとやめてみるとか——
ほら、
取ってきてごらん？
わーい！
やめられないミシェル

ずーっと同じ遊びに
つきあうことなんてないし、
みっけ!
やっぱりやめられない

どんなに楽しくても、
ときには無視する勇気を持とう
そうそう!
いい子ね!
へへ
……

たまには新しい遊びを考えさせなくちゃね

当初の目的を思い出したミシェル

忍耐のミシェル

でも、ほどほどにしないと
本当に相手にされなくなるから
注意！

もう勝手にして、
ひとりで遊びなさい

つまんないよう！

実は、僕、ミシェルは
パリにオープン予定の
ねこ専用遊園地の
コンサルタントをしている
（遊びの効用については次章にて）

大切なのは
自分のルールや気まぐれを
押し通すこと
早いうちに
会話をリードすれば
何でもお望みどおり

※ 綿棒好きの飼いねこはけっこう多い

LESSON

楽しい遊びを考えよう

LIBÉREZ VOTRE CRÉATIVITÉ DANS LES JEUX

健康のヒケツは
おいしいごはんを食べたあと
鳥やネズミを取るマネをして遊ぶこと

どうやって遊ぶか考えるミシェル

ご先祖さまは生きるために
本物の狩りをしていたっていうしね

自分でも何がしたいか分からないミシェル

さて、本物の狩りの醍醐味を
味わうにはどうしたら？

飼い主をおそう？
そこまでするのはヒドいって？
でも、どちらか選ぶとしたら
答えは決まってる

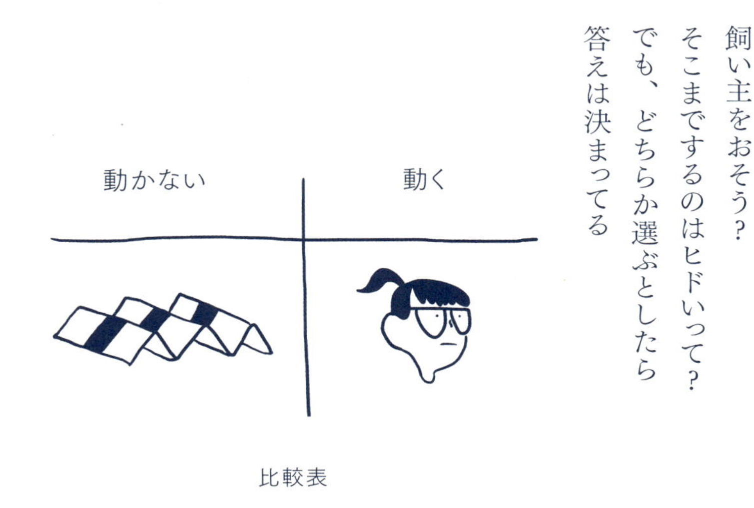

比較表

この家に動く獲物は
ほかにいないしね
キャーー！

ウサギやネズミがいるなら別だけど
コロスわよ！

攻撃の種類はあげていけば
キリがないけど、
基本は、横から攻める

下手くそなミシェル

足をねらうのさ
ひっかくかどうかは気分しだい

ひっかくかどうか迷うミシェル

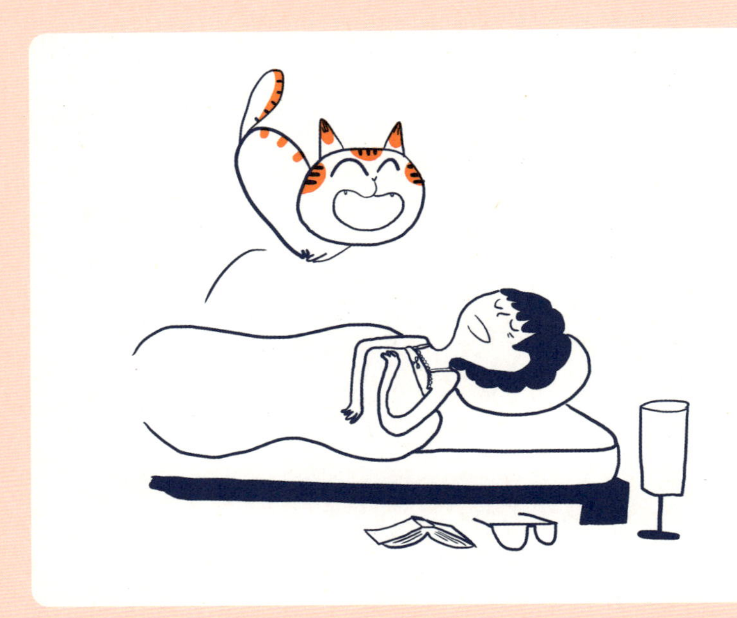

おなかへ向かってジャンプ

冷蔵庫攻撃

カーテンにかくれて不意打ちもいいね
尻尾はちゃんとかくすこと

失敗例

注意：攻撃したあと、
どこに逃げるかも大事

不適切な場所

かしこいねこ ミシェルによる 遊び方講座

紙だまを使う

特徴	みんなで楽しく遊べる
時期・期間	いつでも、いつまでも
講評	飼い主に大ウケ。取ってくるとキャットフードをもらえる

ハエとたわむれる

特徴	すばやく動き回れ！
時期・期間	ハエ１ぴきにつき１時間
講評	野生（あのころ）の記憶がよみがえる。いつもいるわけじゃないのが、たまにキズ

お手

ひっかいたの治ってるからまたやるか

特徴	楽しいけどストレスもたまる
時期・期間	飼い主の手から血が出るまで
講評	気をつけないと逆ギレされるよ

蚊の退治

特徴	面倒くさいだけ
時期・期間	真夏の間
講評	飼い主は喜ぶけど、あんまりおもしろくない

自分の尻尾を追いかける

特徴	ふと気づくとみじめになる
時期・期間	いくらでも遊べるけど、それが何になるのさ
講評	生後6ヶ月過ぎてもやってるようじゃ先が思いやられるね

LESSON

ねこの魅力でイタズラしよう

DEVENEZ PERVERS NARCISSIQUE

ねこは生まれつき、イタズラが大得意

生後5日目にして自我が芽生えたミシェル

その方法には大まかに2通りある

1 自分のカワイさを最大限に活用する

※顔ひっかいたろか

まずは夢中にさせること
そんなの、全然むずかしくないよ
持ち前の優雅さと美貌でイチコロさ

その魅力で、ヒトは
いくらでも食べものをくれる

あとは
すきを見つけてやりたい放題さ

朝の暗いうちから、飼い主の上に
乗ってみたり（特に顔の上がオススメ）

足の裏をひっかいたり

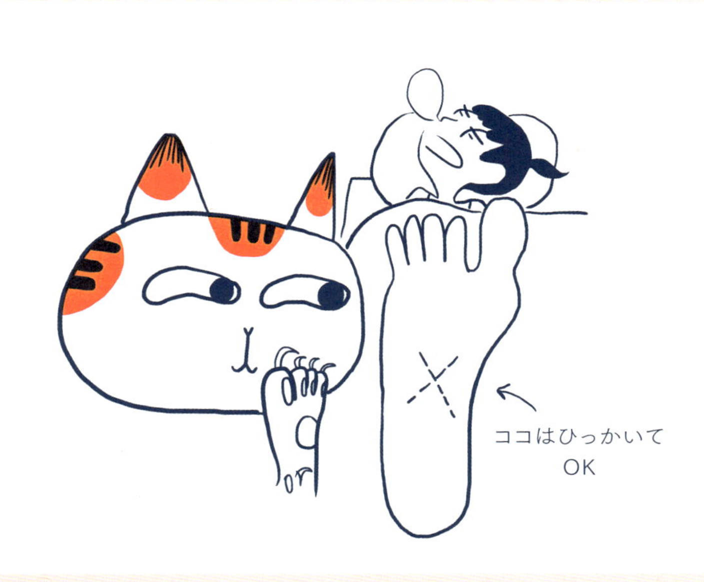

これは……お年寄りには
やめた方がいいかも

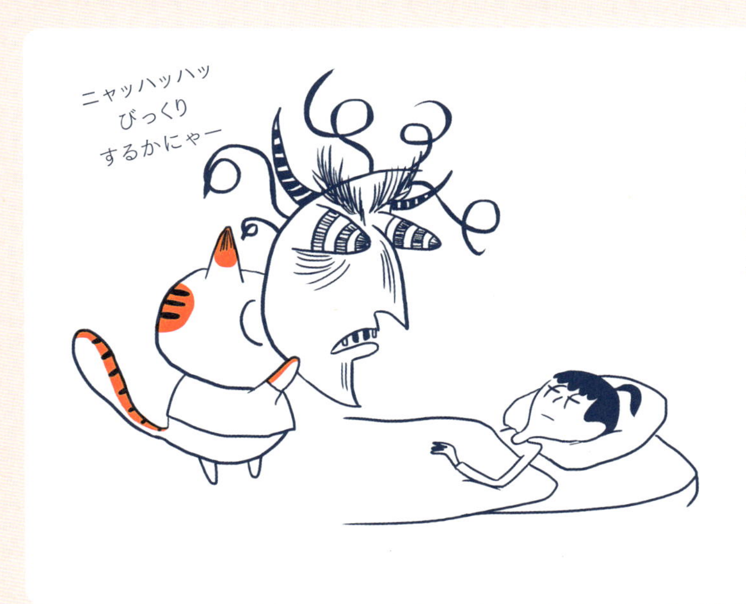

ニャッハッハッ
びっくり
するかにゃー

ヒトいわく、「恋は盲目」らしい
つまり、
たいていの悪さは許される
全身ボロボロ

もうひとつの方法は……
2 情に訴えること
あっ、いた！

飼い主のプライベートなんかは無視
ドアも閉めさせちゃダメ

でも、たまにサービスして
健気さを演出

とくに飼い主がリラックスしているとき
をねらって同情を誘おう

かわいそうと思わせられれば
こっちのもの
うわー!
助けてー!!

こうしてますますキャットフードを
たくさんもらいやすくなる

びしょびしょになるリスクはあるけどね

LESSON

5

飼い主の限界とは

CONNAÎTRE LES LIMITES DE VOS PARENTS ADOPTIFS

ヒトって見た目と違って
ひとりひとり違うらしい

だから、イタズラも
飼い主に合わせてやらなくちゃ
とは言え、やりすぎには注意

1日中おこられるミシェル

ときには
天敵による制裁なんかもある

でも反省は必要なし
そんなのは一番のムダさ

えー？ もともとこの壁紙
はがれてたよぉ！
また、
やったわね！

たとえお仕置きだと締め出されても、

ごはんを減らされても——、
ってそれはダメ！　捨てられる前触れかも

こうなったらおとなしくするしかない

もちろん、ねことしてのプライドを
捨てたわけではない

ようは飼い主の前だけ
〝いい子〟してればいいのさ
いって
らっしゃい

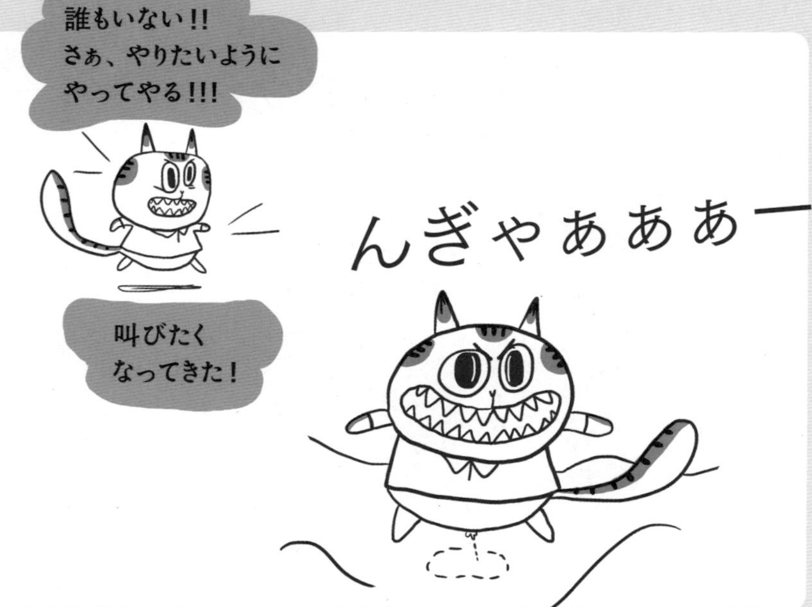
誰もいない!!
さぁ、やりたいように
やってやる!!!
叫びたく
なってきた!
んぎゃぁあああー

注意事項：後始末できない場合は
いつ何どきもおとなしくしていよう
なんで
こうなるのよ?!
ニャア！

でも我慢しすぎると、
将来こうなっちゃうかも
ふふふ、
ホラー映画は最高！
ヒトがたくさん
死ぬもの

こじらせたねこ

LESSON

6

小言はやり過ごそう

IGNOREZ LES REPROCHES (AU DIABLE LA CULPABILITÉ)

飼い主が「カワイさ」に
騙されなくなると
小言は日常の一部と化す

植物の葉をむしり、灰皿をひっくりかえす、
ソファーはキズだらけ、おしっこ臭いベッド

これだけやったら
叱られてもしかたない

だから、聞こえないフリして
ムシするといいよ

きぜんとした態度

背を向けて嵐が去るのを待つのだ

理解不能な動きをしてみるのも手かも

いずれにしても自分のテリトリーに
あるものはどうしようとボクの勝手さ

大事なものを
コワしてしまったら、
あきらめるしかない

だって、ぜーんぶ遺伝子のせい
またこっぴどく
叱られるんだろうなあ

LESSON

7

ねこのお引っ越し

LE DÉMÉNAGEMENT UN DEUIL EST POSSIBLE

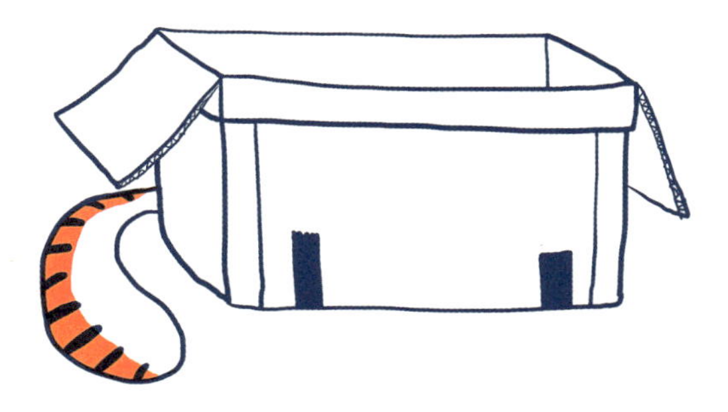

自分のテリトリーを失くすつらさは
経験してみないと分からない

かくし場所、いつもの匂い、
見慣れたものを突然失うんだよ
荷づくり
しなくちゃ！
ねぇねぇ
ボールで
遊ぼー

それに飼い主は
ボクらのことを放ったらかしに……

いっちょ上がり!

HAUT

BAS

でもないか
……段ボール箱を作ってくれるし

ミシェルは箱が大好き

でも、それはボクらを
おとなしくさせようとするワナだ
ひゃひゃ！

最初は好きなだけ段ボールをくれる
ヒャッホー！

やっぱり段ボールほどいいものはないよね

飼い主より……じゃなくて
飼い主と同じくらい好き

ミシェル、この数式やめて！
やめないと外で寝てもらうからね
よろしい
段ボール
飼い主

でも段ボールはそのうち消えていく
ん？
ボクの家具で何をしているんだ？

少しずつ、
確実に……
ご機嫌ナナメね
キャリーバッグに
入ってくれるかな
ヤダヤダ
おい！
勝手に
持ってくなよ！

ついには無理やりキャリーバッグに入れられて——

二度と元の場所には帰れない

そして、こんな風になるんだ

初めてエレベーターに乗ったせい

3. 怒り

人生最悪の日だ！

4. あきらめ

ヘンな匂いするし、最悪の毎日

途方にくれ、なでなで※してもらわなくちゃ食事ものどを通らない……

まだ、やめないで！
いつまでこんなことやらなくちゃいけないのー……

※食事中、外敵から襲われないように母ねこに見守ってもらうという本能のなごり

でも、何ごとにも終わりはある
そのうちどこもかしこも
自分の匂いだらけに

いい匂いに
なってきた！

スリスリ

新居にも慣れて
気持ちに余裕が出ると……

それでも、
心の傷は
なかなか癒えない
引っ越し大変だったわ、
ねこって家具ひとつ動かすだけで
ストレスになるんだって

だから、なおさら
イタズラに走っちゃう
でも良かった、
ミシェルはすぐに慣れたのよ！

LESSON

8

子どもとのつきあい方

VAINCRE SA PEUR DES ENFANTS

人間の子どもというのはとにかく乱暴
そのうえ、しつこい
ママー、
ねこがいるよ！
ヒー

うるさくて落ち着きがまるでない
ママー、こいつ
すぐ逃げるから
つまんない！
あなたがいじめる
からよ

初対面で追いまわされたら
トラウマになるよね

しかも、逃げてばかりいると
なわばりを失くしたみたいで悲しくなる

でも、そのうち彼らがバタバタして大声を
出すのは弱さの裏返しだと分かってくる

のろまで、ツメもトガってないし、
ばかだから、ボクのことをすぐ見失う

歯が生えているのを除けば
まったく恐怖の対象ではない

ねこの方がエラいのだ

LESSON 08 VAINCRE SA PEUR DES ENFANTS

その気になればご主人さまにもなれる

もっとイジワルしちゃえ

やったもん勝ちだね

相手がどんなに大きくても、
自信を持ってイジワルするのがコツ

子どもをイジメるときは、
邪魔が入らないよう
ひとりきりのときをねらおう

君に見せたいものがあるんだ
奥の部屋へおいでよ

よからぬことを考えるミシェル

さぁて、どこから“シュジュツ”してやろうか
すぐに終わるから
ミシェル、
やめてよ～～っ!
飼い主の
工作キット

なんだかんだ、仲良くなるミシェル

LESSON

9

獣医に診てもらう

N'AYEZ PLUS PEUR DU VÉTÉRINAIRE

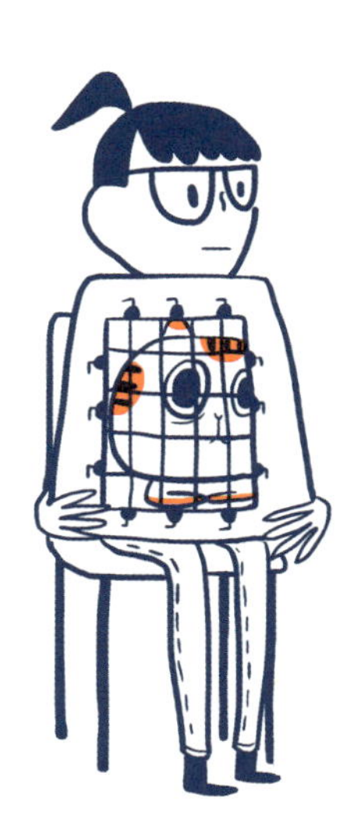

※ ねこの膀胱炎……オスねこがよくかかる病気。初期症状は頻尿。ねこは排泄時、砂をかけるという行動をするため、あちこちでおしっこをし、砂をかけまくる

病院はヘンな匂いがして、
悪い予感しかしない

行かずにすめばそれに越したことはない
具合が悪くなったら姿を隠すのが一番

いよいよつらくなって
ついに獣医のもとへ……

……さっさと治してくれりゃいいのに、
ヤなことばかりしてくる

LESSON 09 N'AYEZ PLUS PEUR DU VÉTÉRINAIRE

どうにか終わって
無事に帰還
おいで
ミシェル！
おいしいよ！
ちぇっ
食事にクスリが混ざるようになる

こっそり吐き出してもムダ
それはねこ用チーズや
バターに包まれてやって来る
ほら、食べて！
おかしいな、
いつもはバター
食べさせて
くれないくせに

せっかくの味が台なしだよね

獣医なんてひっかいてやりたいくらい
大キライだけど
嫌なコトだけじゃない——

なんと
キャットフードのグレードがあがった！

LESSON

10

去勢

LA STÉRILISATION, SAVOIR PARDONNER

怒りをしずめ、おろかなヒトを
ゆるすことこそ、新しい人生に向きあう
最良の道なり

生後6ヶ月の
ミシェル

とはいえ――赤茶色に輝く
ふたつのタマが自慢だったのに……

……病院で取られちゃった

それから急に太りだした

おなかが ひっかかって 届かないよー!

LESSON

11

ねこのための夢占い

L'INTERPRÉTATION DES RÊVES

ねこだって夢を見る

「ウニャニャニャー」と寝言を言ったり、
ヒゲがピクついたり、
まぶたの裏の眼球が動いたり……。
そんな時は夢を見ているのです
さぁ、今日のあなたの夢は、何を暗示している？

≫ ハエにおそわれる夢を見たあなた

ツメを切られすぎてイタズラできていないのでは?
ストレスをためないように要注意

空を飛んだり高いところから落ちる夢は？

窓から落っこちる夢を見るのは、
生まれるときのことを思い出してるから
初心に帰るいい機会かも

ゴミ収集車にひかれそうになる

飼い主が食べものをムダにする暗示、
捨てる前に食べちゃおう

靴の夢

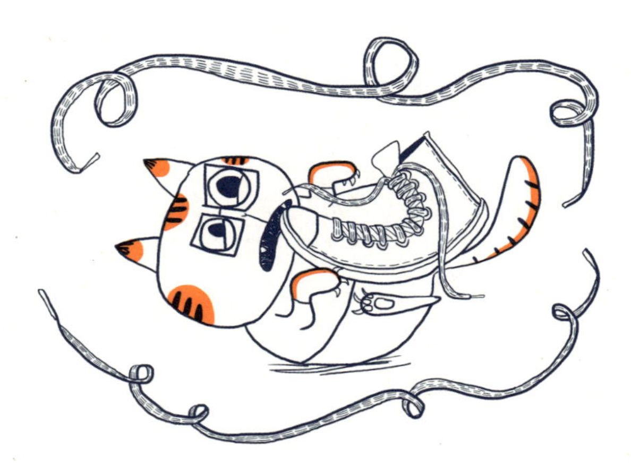

靴はネズミの代用品
本能を思い出して積極的になれるとてもいい夢

犬になって鳴き声を上げる

あまりいい兆しじゃない
引っ越し、去勢などゆううつなことが起きるかも

体がヒトになる

間違いなく病気
検査を受けに行くべし

トイレの砂がキャットフードに

小さくなって、トイレの砂……ではなく
キャットフードに囲まれるミシェル

おしっこでぬれてるかも!?
生きる意味やアイデンティティーに悩んでない?

四方八方のドアが閉まってる夢は
誰かに呪われてるらしい……
きーをーつーけーてー……

ちょっとブレイク！
ミシェルの寝すがた集

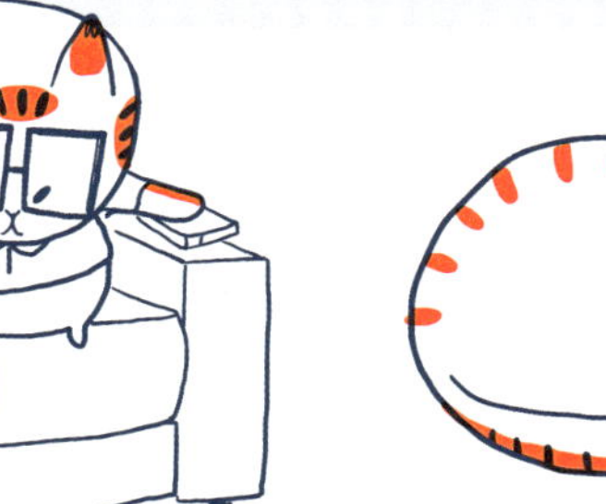

ニュースを見ながら

冬眠スタイル

家が焼けても
目開けるな

おなか
いっぱい

午前9時の
まどろみ

陽の光のもと

22時間寝っぱなし

LESSON

12

ねこの子育て

ÉDUQUER SON CHATON

生後3ヶ月は母ねこに頼りっぱなし

誰かにもらわれるまでの間に
たくさんの教えを受ける

まずはトイレの使い方から……

小さいうちから自分の存在を
アピールするコツを覚える

ダメ、もっと砂をばらまかないと!
もう1回!
これが終わったら
タオルをボロボロに
しに行くからね

かわいがってもらうには
身なりを整えること

飼い主に気に入られるために
イメージを大事にしないといけない

ネットには
かわいいねこ動画があふれている
参考にしてますます努力しないと

ほら、ニャーって言いながら
あくびしたほうがかわいいでしょ

もちろん狩りのけいこも
忘れちゃいけない

ほら、もっと激しく！
しっかり！

何ごとも慎重に
獲物を見つけたら
気づかれないように狙いを定めて
床とひとつになって
クレープ
みたいに平たく——
向こうから近寄って
来させるのよ
ヘアゴム

飛び乗る練習はなるべく早いうちから
もっと高く！ 強くふみ出して
おしりに
力を入れるの

これらのことは
子ねこの成長に
合わせて実践すべし

子ねこには自分が世界の
中心と思わせること

好奇心を育て、他人ごとに首をつっこむようにしつけよう

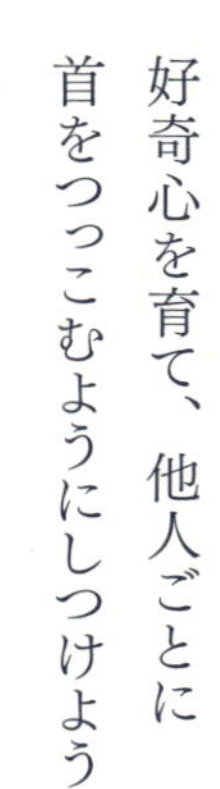

LESSON

13

子ねこのトラウマ

GUÉRIR SON CHATON INTÉRIEUR

飼いねこの誰もがいい教育を
受けているわけじゃない

子育てを放棄した母ねこ、
ウチでダラダラしている父ねこ、
腕っぷしが強すぎる兄ねこ……
トラウマの種はゴロゴロ転がっている
パパってどこにいるの？

おい、せがれや、生意気なシェパードしばき回して、おねーちゃんひっかけに行くで
そしたらお布団で寝ていい？ミルクは？

仲間はずれの
みにくいアヒルの
子だっている
ゴメンね、
満席
えー、ネットで
予約してたのに！
早い者
勝ちなのよ

そんな育ち方をしたら
グレてもしかたないよね
さっさとトイレの砂
かえろや
君、
おウチでも
そうなの？
数日、ミシェルの
飼い主の家で
預かることになった

こんなに態度が悪いと
誰も相手にしない

でも文句だけ言っていても
何も変わらない
そんなときは、自分が変わらなきゃ

全てを敵にまわしたくなる気持ちは
分かるけど、
ダメ！もう
いいかげんになさい！
水かけるわよ？
うるせぇ、
スプレーこっちへ
よこさねぇとヒドイぜ！

思い切って水に流して
笑ったほうが、
幸せになれる
ちまちま
やってっん
じゃねぇ!!
もっと
入れろ！
あっちへ行け！
こわかったよぉ！
ボクは
関係
にゃい
にゃい
にゃい！

LESSON
14

ニャーニャー学
NNG

PROGRAMME NEURO MISAOULISTIQUE

ＮＮＧなんて言うと諸君には
難しすぎるかな
つまりねこは遺伝的に、
賢い生き物だという話

とても堂々としていて――
例１：ライオン（食肉目ネコ科ヒョウ属）

理性的で品があって――

例2：トラ（食肉目ネコ科ヒョウ属）

ビビるミシェル

自信に満ちあふれ、
明確な目標を持ち、
決して粗暴ではない……

体系化された伝達手段を持ち
極めて高度な認識能力を有する……
難しい
言葉で丸め
こもうったって
ムダよ
あれ……
バレちゃった
かな???

——つまり、
何が言いたいかというと、
ごはんを
増やさないと
トラみたいに
暴れちゃうゾ!

お知らせ

どうしたら充実の食生活を手に入れられるか、
夏休みにワークショップを開催するよ（ねこ以外の方も大歓迎）
（週350ユーロ也）

ネコの子はネコ

会ったことがない祖父と祖母……

どんなネコだったのか聞いてみた

結構いい線いってない？

LESSON

15

催眠術に挑戦

L'HYPNOSE

催眠術ってあんまりアテにならないけど

思い通りになるなら
試してみる価値はあるよね

飼い主に試すも、自分がグルグルするミシェル

なわばりをハッキリさせてやらなくちゃ

しまった！さっきトイレに
行ったせいでちょっとしか
出ない！

復讐失敗——
また今度にしよ
寝るとするか
きりかえは早いミシェル

ちなみにボクは、年に数回、
思いっきり大洪水を起こす

……やりすぎちゃった

ねぇ、
おもらしする
デブねこ
いらない？
って言っても
あたし、
ねこマンガ
描いてるからもう
手離せないけど……
オコトワリ
小さいときに
頭がいいと
思わせちゃったのが
大きな間違いだったわ

結構
うらまれてるな、
実際

LESSON

16

毛づくろい

ÊTRE À L'ÉCOUTE DE SON PELAGE

幸せで健康なねこでいるには
日々の手入れが大切

ねこの自信は、ツヤツヤで
なめらかなフケのない毛なみから

でも、気分がのらないとき、おなかが
空いたとき、一日中寝てばかりのとき……

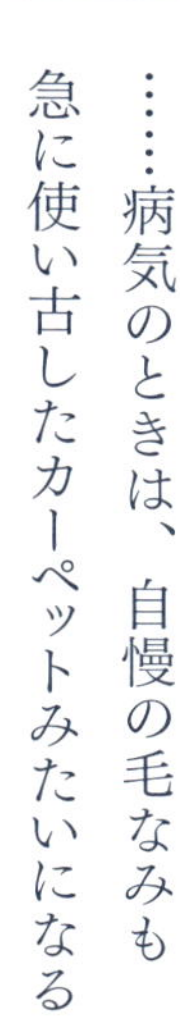
……病気のときは、自慢の毛なみも
急に使い古したカーペットみたいになる

じゃあ、美しい毛なみを保つには
どうしたらいいい？

パーティーに出かける準備に余念がないミシェル

ミシェルのお手入れ術

①食事のあとは必ず毛づくろい

②窓辺で風にあたろう

ミシェルの体重なら強風でもOK

③1日2杯の水でうるおいを
口内環境も整えよう

④飼い主のシャワー時はとなりで待機
蒸気(スチーム)で毛穴をキレイにしよう

⑤飼い主がタバコを吸うときは
部屋から脱出すべし

毛の長いねこは
毛づくろいも大変だよね

LAST LESSON

ヒトに似るねこ

L'HUMAIN EN NOUS

いつもヒトと一緒にいると、
自然と同じ行動をしちゃう
ボクはすっかりパソコンが上手くなったよ
そろそろ
仕事をやらせてくれない？
のびー

テレビを観るのはみんなやってるよね
ミシェル、
あったかくて
眠くなってきたわ

ウチの飼い主はゲームが大好き
ボクのお気に入りはテニスのゲーム
よっしゃぁ!
がんばって!
マッチ
ポイント!

あーっ!
アウト!
FED 7 6 21
NAD 6 7 22
見えない!!!
ミシェル!

縫いものもお手のもの

書類の片づけだってまかせて！

ツリーの飾りつけだってできるよ
うふふ！

星はボクが
つける！

ボクたちは無邪気に遊んだり
ヘマするところを見せるかわりに
無償の愛を受け取るわけさ
たのしかったニャー
…………

だから、
本能のままに生きなくちゃ
ヤッタ！
ボクのだ！
MiCHEL
（ミシェルへ）

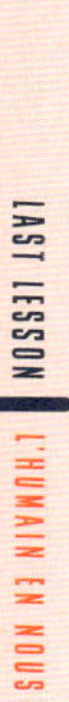

ミシェルには空の箱が１番のプレゼント

AFTER WORD

ボクの結論

CONCLUSION DE MICHEL

この本を読んで
ボクのアドバイスを
忠実に実行すれば
お腹を空かすことは
ないからね

飼いねこに
なったからって
必ずしも幸せになれる
わけじゃないけど——

ねぇ、この本読むと、ねこが
やなやつにしか見えないけど
そう？
でもこれが真実さ

で、ミシェル、
あんたはどうなの？
幸せ??

ちょろまかし、
おしっこ攻撃、
ツメを駆使して
ニャン生を楽しもう
日々これ戦いなのだ

そこそこ幸せなミシェル

AFTER WORD | CONCLUSION DE MICHEL

Cet ouvrage a bénéficié du soutien des Programmes d'aide à la publication de l'Institut français.
本書は、アンスティチュ・フランセ・パリ本部の出版助成プログラムの助成を受けています。

謝　辞

助言や激励をくれたレオポルド、
ボクとレスリーを引き合わせてくれたゾヘイル、
いつも応援してくれる、アナイスとギョームに感謝を。

ミシェル＆レスリー・プレ

ねこのミシェル

幸せに生きるためのニャン生指南

初版発行　2019年4月1日

著　ミシェル＆レスリー・プレ
訳　うのたかのり
装丁　chichols
日本版編集　中井真貴子・福里茉利乃（DU BOOKS）

発行者　広畑雅彦
発行元　DU BOOKS

発売元　株式会社ディスクユニオン
東京都千代田区九段南 3-9-14
編集 tel.03-3511-9970 fax.03-3511-9938
営業 tel.03-3511-2722 fax.03-3511-9941
http://diskunion.net/dubooks/

印刷・製本　シナノ印刷

ISBN978-4-86647-050-4　Printed in Japan